电力"杆变三人行"

二十四节气

之旅

国网江苏省电力有限公司淮安供电分公司　编绘

中国电力出版社
CHINA ELECTRIC POWER PRESS

图书在版编目（CIP）数据

电力"杆变三人行"二十四节气之旅 / 国网江苏省电力有限公司淮安供电分公司编绘． -- 北京：中国电力出版社，2025. 3． -- ISBN 978-7-5198-9846-5

Ⅰ．TM-49

中国国家版本馆 CIP 数据核字第 2025Y7A999 号

出版发行：中国电力出版社

地　　址：北京市东城区北京站西街 19 号（邮政编码 100005）

网　　址：http://www.cepp.sgcc.com.cn

责任编辑：石　雪　胡堂亮（010-63412604）

责任校对：黄　蓓　马　宁

装帧设计：张俊霞　永诚天地

责任印制：钱兴根

印　　刷：北京顶佳世纪印刷有限公司

版　　次：2025 年 3 月第一版

印　　次：2025 年 3 月北京第一次印刷

开　　本：889 毫米 × 1194 毫米　16 开本

印　　张：3.5

字　　数：127 千字

定　　价：35.00 元

编委会

田小冬	侯 俊	程 亮	范炜豪
孙 蔚	骆华均	吴志坚	李承曦
陈 明	牛 奕	张春虎	杨 飞
赵哲源	汪 超	吴 珑	李 峰
马 超	吴建国	罗佳宝	姜 涛

编写组

组 长	张春虎		
副组长	杨 飞	罗佳宝	
成 员	刘珊珊	顾 迎	陈 艺
	郭 玲	程 曦	韩梦远
	邵 帅	王佳慧	陈 妍

前言

"春雨惊春清谷天，夏满芒夏暑相连。秋处露秋寒霜降，冬雪雪冬小大寒……"一首朗朗上口的二十四节气歌，唤起了我们对自然规律的深深敬意与无限遐想。简短的诗句，蕴含着一年四季的更迭变换，寄托了人们对农耕时节的期盼与顺应天时的智慧。二十四节气的名字，极具诗意且蕴含着专属中国人的浪漫。在了解节气名字背后所代表的农事活动后，我们更加深刻地体会到中华文明博大且深邃、源远且流长的魅力。在国际气象界，这一时间认知体系被誉为"中国的第五大发明"。2016年11月30日，中国"二十四节气"被正式列入联合国教育、科学及文化组织人类非物质文化遗产代表作名录。

电，是现代社会生活不可或缺的清洁能源，更是连接自然与文明的桥梁，从照明、取暖、制冷到通信、娱乐、交通等方方面面都离不开它，不仅为我们的生活提供了便利，还推动了社会的进步和繁荣。本书的主人公——"杆变三人行"的卡通形象就是从大家平常在街头路边看到的配电台变（1台变压器、2根电线杆）衍化而来的。他们化身"节气小精灵"，穿梭于四季变换的美景之中，用独特的视角讲述着电力与二十四节气之间千丝万缕的联系。

寒来暑往、四季轮转，在《电力"杆变三人行"二十四节气之旅》中，我们与"节气小精灵"一起穿越春夏秋冬，去感受春华秋实、夏炽冬藏的自然韵律，去体验电力给我们生活带来的便捷与深远影响，去见证每一个节气背后电力如何默默守护万家灯火、赋能美好生活。

下面，就让我们翻开书本，跟随"杆变三人行"化身而成的"节气小精灵"一起体验特别的节气之旅吧！

目录

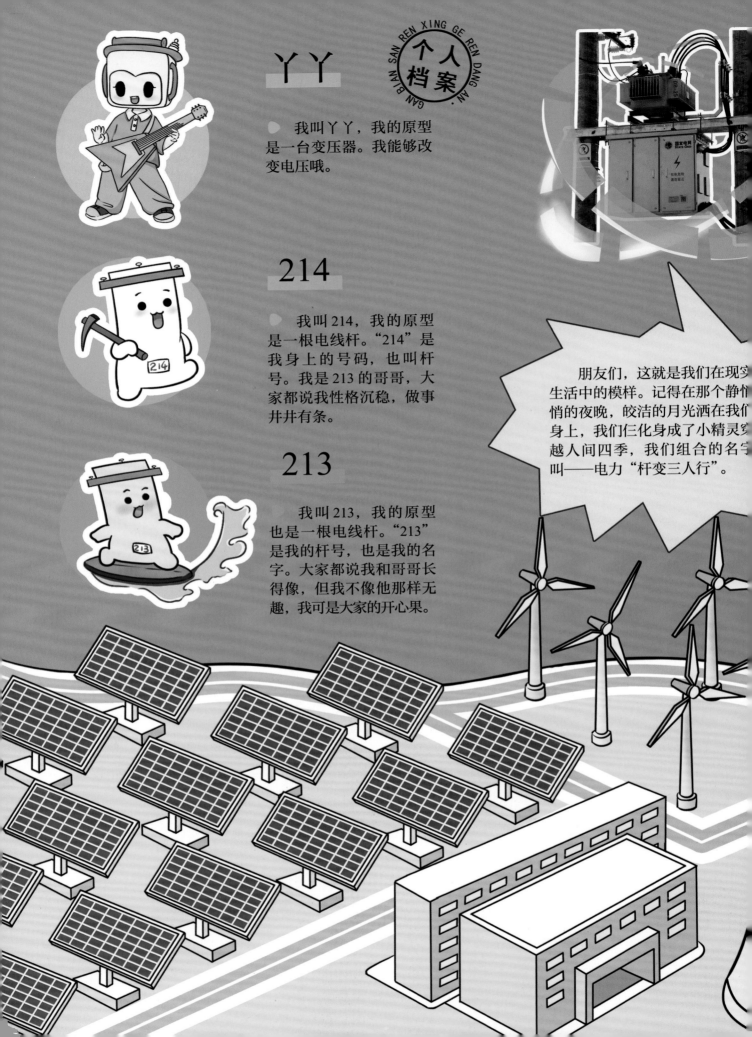

丫丫

个人档案 GAN BIAN SAN REN XING GE REN DANG AN

我叫丫丫，我的原型是一台变压器。我能够改变电压哦。

214

我叫214，我的原型是一根电线杆。"214"是我身上的号码，也叫杆号。我是213的哥哥，大家都说我性格沉稳，做事井井有条。

213

我叫213，我的原型也是一根电线杆。"213"是我的杆号，也是我的名字。大家都说我和哥哥长得像，但我不像他那样无趣，我可是大家的开心果。

朋友们，这就是我们在现实生活中的模样。记得在那个静悄悄的夜晚，皎洁的月光洒在我们身上，我们仨化身成了小精灵穿越人间四季，我们组合的名字叫——电力"杆变三人行"。

出发喽，大家坐稳了！

杆变三人行

大家知道一年当中有多少个节气吗？
不同的节气又有什么习俗呢？电在我们的
生活中扮演着什么样的角色？
……
让我们带着这些问题，一起开启一段
有趣的探索之旅吧！

立春

立春，是二十四节气中的第一个节气，标志着春季的开始，通常在春节的前后。

三候

一候东风解冻：大地开始解冻。

二候蛰虫始振：虫类慢慢苏醒。

三候鱼陟负冰：冰面融化，鱼儿游动。

·节气三候是什么？

节气三候，是中国古代对二十四节气进行更细致划分的一种方式。每个节气被分为三候，每候为五天，共十五天。一年二十四节气就划分为七十二候。七十二候的各候均以一个物候现象相应，称"候应"。每个节气的三候，是古人根据当时的气候特征和一些特殊现象进行的简洁概括，是古人智慧的结晶。

·拱手礼

拱手礼俗称作揖，是中国传统问候礼仪。春节拜年时，小朋友们可以用传统的拱手礼与家人朋友互道祝福哦。

·压岁钱

秦汉时期，出现了一种形状类似钱币、用于压邪禳灾和喜庆祈福的物品，叫作"厌胜钱"。长辈有时会将寄托美好祝愿的厌胜钱送给晚辈，这种风俗渐渐和新年结合在一起，演变成为现在送压岁钱的习俗。

· 舞狮

舞狮，古时称"太平乐"，是我国一项传统的民间体育活动，也是我国优秀的民间艺术。传统的舞狮活动伴随着送暖的春风和欢乐的锣鼓，为节日增添欢乐气氛。

· 烟花虽美，小心有"炸"！

在燃放烟花爆竹时，要抬起头看看上方有没有电力线路及设备，千万不要在电力设施保护区内燃放烟花爆竹哦！

立春是春天的开始，代表春回大地，万物复苏。此时，河面开始解冻，鱼儿和鸭子率先感知到春的气息，在水中欢快地游弋。

3

雨水

节气

2月
18、19或20日

雨水，意味着降水开始，此后雨量逐渐增加。

三候

一候獭祭鱼：水獭把捕到的鱼摆在岸边，好似在祭祀一样。

二候雁候北：大雁从南方飞回北方。

三候草木萌动：在润物细无声的春雨中，草木感受到上升的阳气，抽出嫩芽。

在南方过冬的大雁，飞回了北方。

保护电力设施
共建美好家园

春雨贵如油啊！

春夜喜雨

唐·杜甫

好雨知时节，当春乃发生。
随风潜入夜，润物细无声。
野径云俱黑，江船火独明。
晓看红湿处，花重锦官城。

·獭祭鱼

水獭是捕鱼高手，经常
将捕到的鱼排列在水边，如
同陈列贡品进行祭祀。

·春耕

雨水节气在南方被称为"可耕之候"，在
这之后就可以陆续地春耕了。一年之计在于
春，有春的播种才会有秋的收获。

5

惊蛰

3月

节气 5、6或7日

惊蛰时节，气温开始升高，春雷始鸣，蛰居的小动物们被雷声惊醒。

三候

一候桃始华：桃花开始绽放。

二候仓庚鸣：黄鹂开始鸣叫。

三候鹰化为鸠：天空中的老鹰变少，好像都变成了布谷鸟，布谷鸟逐渐活跃起来。

雷雨天出行，记得一定要远离电力设施哦！

起床了，起床了！

·动物冬眠苏醒的真相

古人以为冬眠的动物是被雷声惊醒才爬出洞穴，实际上是惊蛰时节，气温回升很快，地下的温度也开始升高，对温度敏感的冬眠动物本能地感受到了气温升高，体温开始回升，新陈代谢逐渐正常，肚子饿了就起来觅食了。

观田家（节选）

唐·韦应物

微雨众卉新，
一雷惊蛰始。
田家几日闲，
耕种从此起。

万事如意

春临大地百花

节至

· 二月二，为什么要"剃龙头"？

　　每年的农历二月二，又被称为龙头节，其日期一般在惊蛰节气前后。古时候，人们会在二月二这天去龙王庙燃香祭祀，祈求龙王下雨保佑庄稼丰收。这一天，家家户户的小孩都要去理发，希望可以鸿运当头。

小朋友，放风筝要远离高压线！

· 禁止在高压线附近放风筝

高压线是裸导线，风筝一旦距离高压线太近，电流就可能通过风筝线传到人身上，引发触电事故！

《江苏省电力条例》明确规定，禁止在架空电力线路导线两侧各 300 米的区域内放风筝。

2020 年 5 月 1 日，《江苏省电力条例》正式施行，成为全国首部规范电力事业发展全过程的地方性法规。

"春分到，蛋儿俏"

春分竖蛋，是春分时节的一项传统习俗。据说，春分这一天最容易把鸡蛋竖起来。大家快来试一试。

禁止在保护区内植树

禁止攀登 高压危险

禁止堆放杂物

禁止靠近

禁止取土

禁止在线路附近爆破

禁止在高压线附近放风筝

禁做地桩

禁止在高压线下钓鱼

禁止烟火

禁止在保护区内建房

禁止烧荒

未经许可 不得入内

禁止跨越

禁止放鞭炮

禁止触摸

注意安全

当心电缆

止步 高压危险

注意通风

分

春分这天，太阳直射赤道，南北半球
昼夜等分，白天和晚上时间一样长。

三候

一候玄鸟至：燕子从南方飞回北方。
二候雷乃发声：下雨时天空会打雷。
三候始电：下雨时，伴有闪电。

清明

4月

4、5或6日

清明，气温变暖，降雨增多，正是春耕春种的大好时节。所以清明对于古代农业生产而言也是一个重要的节气。

快跟上！

· 清明节

清明节形成于唐代，是唯一以节气命名的节日，兼具自然与人文两大内涵。由于"寒食节"的融入，有了"清明节祭祖扫墓"的习俗，延续至今。每当到了这一天，人们寻根祭祖、怀念先烈，这一节日承载了丰富独特的民族精神与情感，融合了多地的民风民俗，至今不辍。

三候

一候桐始华：白桐树花开了。
二候田鼠化为鴽：田鼠躲回洞穴避暑，小鸟多了起来，好似田鼠都变成了小鸟一样。
三候虹始见：雨后出现彩虹。

·你知道吗？

　　无数的革命先辈们为争取民族独立和人民解放，顶着枪林弹雨，英勇牺牲，这才换来了如今的美好生活，这是多么的来之不易啊！

冲啊！

清明

唐·杜牧

清明时节雨纷纷，
路上行人欲断魂。
借问酒家何处有，
牧童遥指杏花村。

谷雨 _{节气}

4月
19、20或21日

谷雨，春季的最后一个节气。谷雨期间雨水多，谷物生长快。

三候

一候萍始生：水面浮萍开始生长。

二候鸣鸠拂其羽：布谷鸟抖动浑身的羽毛，热情地鸣叫，提醒人们不要耽误农时。

三候戴胜降于桑：戴胜鸟飞落桑树枝头。

· 喝谷雨茶

谷雨时节，气候温暖湿润，小芽可迅速长成鲜叶，是采茶制茶的大好时机。此时采制的茶称"谷雨茶"，滋味鲜浓。传说谷雨这天的茶，喝了会清火、辟邪、明目等。

我是风力发电，利用风能驱动风机叶片旋转，带动发电机将机械能转化为电能。

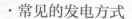

· 常见的发电方式

　　常见的发电方式包括火力发电、水力发电、风力发电、光伏发电、核能发电等。目前，水力发电、风力发电和光伏发电是最常见的清洁能源发电方式。

晚春

唐·韩愈

草树知春不久归，
百般红紫斗芳菲。
杨花榆荚无才思，
惟解漫天作雪飞。

我是光伏发电，利用光伏板吸收太阳光转化为电能。

"谷雨前后，种瓜点豆。"

立夏 _{节气}

5月
5、6或7日

　　立夏，是夏季第一个节气，是标示万物进入旺季生长的重要节气。在5月，还有一个属于劳动者的节日——五一国际劳动节。万物至盛，欣欣向荣，砥砺奋进，实干笃行，人与自然共同奏响"夏日奋进曲"！

三候
一候蝼蝈鸣：蝼蛄不停鸣叫。
二候蚯蚓出：蚯蚓钻出泥土。
三候王瓜生：王瓜藤蔓生长。

·五一国际劳动节
　　五一国际劳动节是全世界劳动人民共同的节日。为纪念1886年美国芝加哥工人大罢工运动，由恩格斯领导的第二国际在1889年巴黎举行的代表大会上宣布将5月1日定为五一国际劳动节。

· 烤麦子

　　小满节气前后，北方小麦逐渐饱满，农民伯伯会常去观察麦子的长势，然后带回一些半青半黄的麦穗放炉火上烤着吃。烤熟的麦子有一股焦香，别具一番风味。

什么味道?
好香啊……

· 苦菜

　　小满节气，苦菜正旺，菜叶又嫩又绿，既可凉拌又可清炒，是餐桌的一道野味。民间还有"小满食苦，一夏不苦"的说法。人们认为在小满时节多吃点苦菜，夏季农忙时就不会感觉到辛苦。

小满 节气

5月
20、21或22日

小满时节，气温快速上升，雨水进一步增多，万物进入生长旺季。小满蕴藏着古人的哲思，花开即败，月满则亏，将满未满，恰到好处，时节如此，人生亦是如此。

三候

一候苦菜秀：田野里长满鲜嫩的苦菜。
二候靡草死：枝蔓柔软的小草开始干枯。
三候麦秋至：小麦开始慢慢成熟。

小麦收割完，就要抓紧种水稻啦！

现在都是电排灌，不用愁！

小满

宋·欧阳修

夜莺啼绿柳，
皓月醒长空。
最爱垄头麦，
迎风笑落红。

·电引活水助丰收

　农业电排灌是以电能为动力来驱动排水设备进行灌溉、排水等生产活动。

芒种，是一年之中光照充沛、生长旺盛的时节，也是争分夺秒的农忙时节：北方有芒的小麦该收割了，南方有芒的稻谷该插秧了。

三候

一候螳螂生：螳螂的卵孵出小螳螂。
二候鵙始鸣：伯劳鸟在枝头鸣叫。
三候反舌无声：善于模仿人的反舌鸟停止鸣叫。

芒种芒种，忙收又忙种。

芒种时节，小麦成熟，连片的麦田一片金黄，展现丰收的景象。

我已经免费为村民放了600多场露天电影了！

·小板凳上排排坐，打谷场上看电影

在二十世纪七八十年代，露天电影是农村地区文化娱乐的重要方式。

上甘岭战役是 1952 年 10 月 14 日至 11 月 25 日中国人民志愿军与"联合国军"在上甘岭及其附近地区展开的一场著名战役。"联合国军"调集兵力 6 万余人、大炮 300 余门、坦克 170 多辆，出动飞机 3000 多架次，对志愿军两个连防守地约 3.7 平方公里的上甘岭阵地发起猛攻。在持续 43 天的战斗中，志愿军共击退"联合国军"900 多次冲锋，最终守住阵地，取得胜利。

观刈麦（节选）

唐·白居易

田家少闲月，五月人倍忙。
夜来南风起，小麦覆陇黄。
妇姑荷箪食，童稚携壶浆，
相随饷田去，丁壮在南冈。
足蒸暑土气，背灼炎天光，
力尽不知热，但惜夏日长。

夏至

6月
21或22日

夏至这天，太阳直射北回归线，是北半球一年当中白昼最长的一天。

三候

一候鹿角解：雄鹿的角开始脱落。
二候蝉始鸣：树上的知了开始鸣叫。
三候半夏生：一种叫半夏的药草开始生长。

在炎热的夏日午后，跑到小卖部买上一根冰棍是很多80后、90后的美好回忆。

夏九九歌

一九至二九，扇子不离手；
三九二十七，冰水甜如蜜；
四九三十六，汗湿衣服透；
五九四十五，树头清风舞；
六九五十四，乘凉莫太迟；
七九六十三，夜眠要盖单；
八九七十二，当心莫受寒；
九九八十一，家家找棉衣。

小暑，即指天气小热，天气开始炎热但还没到最热。民间有"小暑大暑，上蒸下煮"的说法。

三候
一候温风至：小暑后热风轻拂，夏意渐浓。
二候蟋蟀居壁：蟋蟀躲到墙角去避暑。
三候鹰始挚：老鹰飞到更为清凉的高空。

·盱眙龙虾

　　江苏省淮安市盱眙县是中国小龙虾美食发源地。二十世纪九十年代初，"十三香小龙虾"一出现便迅速火遍大江南北。二十一世纪初，盱眙又率先开办龙虾节，吸引着来自全国各地的游客前来品尝美食、感受文化。

大暑

节气

7月 22、23或24日

大暑，是一年当中最热的时期。此时正处于"三伏天"里"中伏"前后，进入大暑后，雨水增多，大地开启"湿热交蒸"的夏日模式。

三候

一候腐草为萤：萤火虫将卵产在枯草中，在大暑前后孵化成虫。

二候土润溽暑：地面潮湿，天气变得闷热。

三候大雨时行：时常出现雷雨天气。

呱！呱！呱！呱……

不可以玩插座哦，容易触电！

了不起的一度电

1度电就是功率为1000瓦的电器，运行1小时，消耗的电能。1度电可以让1台手机充满100多次，可以让一盏25瓦的灯泡连续点亮40个小时，让普通家庭风扇连续运行15小时，让家用冰箱连续运行36小时，让家用电视机运行10小时……

山亭夏日

唐·高骈

绿树阴浓夏日长，
楼台倒影入池塘。
水晶帘动微风起，
满架蔷薇一院香。

·什么是触电

触电是指人体直接触及电源，或者高压电经过空气或其他导电介质传递电流通过人体，从而引起的人体组织损伤和功能障碍，重者发生心跳和呼吸骤停。小朋友们，别贪玩，一定要远离电插座哦。

立秋 _{节气}

8月 7、8或9日

立秋，是秋天的第一个节气，天气还很热，但早晚有了凉意。

三候

一候凉风至：凉爽的秋风习习而来。
二候白露降：清晨有雾气产生。
三候寒蝉鸣：蝉也感受到秋意，因而鸣叫得更加响亮、凄切。

· 空调省电小妙招

（1）夏季制冷模式出风口要朝上，调至26℃左右，舒适又省电。
（2）冬季制热模式出风口要朝下，调至20℃左右最节能。只有室外气温极低时，才需要使用电辅热功能。加开电辅热功能，会多耗电约30%。
（3）睡前开启睡眠模式，能节电约20%。
（4）长时间不用空调需关掉电源，但要避免时开时关。
（5）短时间离开房间的情况下，保持空调一直运行更节能。
（6）空调过滤网每半月左右清扫一次，可以降低能耗。

立秋

宋·刘翰

乳鸦啼散玉屏空，
一枕新凉一扇风。
睡起秋声无觅处，
满阶梧叶月明中。

向日葵结出葵花籽

秋天天气干燥，适当多吃点梨、柚子、石榴等水果，可以缓解秋燥和干咳。

yummy 水果店

· 秋老虎

三伏天的末伏通常在立秋之后，因此立秋之后还会有短期的回热天气，我国民间将这种现象称为"秋老虎"。

· 七夕节

　　七夕节，又称"乞巧节"，是我国民间的传统节日，因拜祭"七姐"活动在七月七晚上举行而得名。七夕节最初源于古代的星纪崇拜，后经历史演变，被赋予了"牛郎织女"的爱情传说，成为了象征爱情的节日。相传，每年七夕，为了让织女渡过天河与牛郎相会，喜鹊会飞聚起来，架起一座天桥——鹊桥。

处暑 节气

8 月
22、23或24日

处暑，是秋季的第二个节气，"处"是终止的意思，处暑表示炎热的酷暑结束，这时三伏已过或接近尾声。

三候
一候鹰乃祭鸟：老鹰捕来很多鸟摆放一起，像在祭祀。
二候天地始肃：天地之间开始充满肃杀之气。
三候禾乃登：谷类作物开始饱满成熟。

·处暑禾田连夜变

处暑时节，夜寒昼暖，农作物白天吸收养分，晚上进行储存，庄稼长势好，成熟快。

枫叶慢慢变红了。

处暑后风雨

宋·仇远

疾风驱急雨，残暑扫除空。
因识炎凉态，都来顷刻中。
纸窗嫌有隙，纨扇笑无功。
儿读秋声赋，令人忆醉翁。

电力工人也忙着对路线进行秋季检修。

· 电力工人的秋季检修

　　由于电力设备和线路长期暴露在户外，在经历一整个夏天的运行后，就像汽车一样需要保养，电力工人每年秋季对它们进行"体检"和"治疗"，确保它们在冬季用电高峰期也能正常工作。

· 喝白露茶

　　白露时节，我国部分地区有喝白露茶的习俗。经过夏季的酷热，白露前后正是茶树生长的极好时期。白露茶既不像春茶那样鲜嫩不经泡，也不像夏茶那样干涩味苦，而是有一种独特的甘醇清香味。

动物们感知季节变化，开始囤积粮食。

白露 节气 9月 7、8或9日

白露后，昼夜温差渐渐拉大，白天中午气温虽较高，但早晨与夜间已有丝丝的凉意。

三候
一候鸿雁来：大雁从北方飞到南方。
二候玄鸟归：燕子飞往南方过冬。
三候群鸟养羞：鸟儿们储藏粮食过冬。

秋季天干物燥，一定要注意用火、用电安全！

凉夜有怀

唐·白居易

清风吹枕席，
白露湿衣裳。
好是相亲夜，
漏迟天气凉。

秋

秋分这天，太阳直射赤道，南北半球昼夜等分，白天和晚上时间一样长。

三候

一候雷始收声：秋分时节，很少能听到雷声了。
二候蛰虫坯户：蛰虫们开始加固洞穴。
三候水始涸：降水减少，一些沼泽和水洼逐渐干涸。

·中秋节

每年农历八月十五是中秋节。中秋节与春节、清明节、端午节并称为中国四大传统节日。中秋节是家人团聚的日子，自古有中秋赏月、饮桂花酒等习俗。

·中秋节赏月

古时候，人们春天祭日，秋天祭月。赏月的风俗便来自祭月，后来逐渐形成了以赏月活动为主的中秋民俗节日，文人墨客也写出了很多有关中秋赏月的诗词佳作。时至今日，每逢中秋佳节，依旧盛行全家团聚共同赏月。

秋分时节，秋收、秋种便陆续开始了，全国各地进入农事最繁忙的阶段。

山居秋暝

唐·王维

空山新雨后，天气晚来秋。
明月松间照，清泉石上流。
竹喧归浣女，莲动下渔舟。
随意春芳歇，王孙自可留。

寒露 _{节气}

10 月
7、8 或 9 日

寒露时节，秋寒渐浓，遍地冷霜。古时候，人们将"露"作为天气变冷的信号。

三候

一候鸿雁来宾：鸿雁排成人字形队伍飞往南方。

二候雀入大水为蛤：鸟雀都不见了，海边出现蛤蜊。

三候菊有黄华：菊花竞相开放。

· 不可以在高压线附近钓鱼

钓鱼常用的碳素鱼竿是导电体，鱼钩一旦挂到高压线上，就可能导致触电，危及生命。

快收手，不要在高压线附近钓鱼！

· 秋钓边

在我国南方，寒露时节气温下降很快，深水处太阳已晒不透，鱼儿游向水温较高的浅水区，所以有"秋钓边"之说。

·燕子南飞

　　燕子是一种典型的候鸟，寒露时节气温下降后，就会飞往温暖的南方过冬，到了春天又飞回北方。

大型机械作业时一定要远离电力设施！

·重阳节登高

　　农历九月初九是重阳节。重阳自古就有登高的习俗，秋日凉爽的气候也十分适合户外运动，在大自然间聆听大地的物语、季节的歌唱。

池上

唐·白居易

裊裊凉风动，凄凄寒露零。
兰衰花始白，荷破叶犹青。
独立栖沙鹤，双飞照水萤。
若为寥落境，仍值酒初醒。

霜降

节气

10 月
23或24日

气肃而凝，露结为霜。霜降是秋天最后一个节气。

三候

一候豺乃祭兽：豺将抓到的猎物摆成一排，像在祭祀。
二候草木黄落：枯黄的树叶从枝头飘落。
三候蛰虫咸俯：虫子躲进洞里不吃不喝，进入冬眠。

· 吃柿子

霜降时节，柿子成熟，
又甜又饱满，尤其好吃。

· 为什么要修剪或砍伐距离电力线路太近的树木？

　　如果树木离线路太近，在多风、多雨的季节，树枝与导线反复摩擦容易引起电火花，可能导致树木起火，甚至造成线路短路跳闸，影响周边居民、工厂的用电安全。此外，恶劣天气下树木倒伏压倒线路或电杆，容易诱发交通事故，甚至会造成人身触电。

枯黄的树叶随秋风飘落。

山行

唐·杜牧

远上寒山石径斜，
白云生处有人家。
停车坐爱枫林晚，
霜叶红于二月花。

你们快来看，菊花开得真好看。

· 赏菊

　　霜降时节，我国很多地方都会举行菊花会，赏菊饮酒。

这些树离电线太近，要剪一剪了。

214

立冬即事

宋·仇远

细雨生寒未有霜，
庭前木叶半青黄。
小春此去无多日，
何处梅花一绽香。

·冬季取暖要注意安全

　　使用取暖器时，要远离可燃、易燃物品，也不要在取暖器表面覆盖任何物品，更不可以拿取暖器当烘干机用哦。

立冬 节气 11月 7或8日

立冬，是冬季的第一个节气，表示冬季自此开始。万物收藏，水结成冰。

三候

一候水始冰：水面开始结冰。
二候地始冻：土地开始上冻。
三候雉入大水为蜃：立冬后，野鸡一类的大鸟不多见了，而海边却可以看到外壳与野鸡的线条及颜色相似的大蛤。古人因此认为野鸡到了冬天就变成大蛤了。

·冬泳

立冬这天，冬泳爱好者们会以冬泳这种方式，迎接冬天的到来。

有序排队，一个一个进哦。

小乌龟，你快点！

·动物的冬眠

冬眠是动物在寒冷季节为节省能量而进入的一种休眠状态，其间体温、心率和代谢降低，仅依靠体内储存的脂肪维持生命。常见的冬眠动物有：刺猬、熊、蝙蝠、青蛙、蛇……

· 岸电

　　岸电是指船舶停靠在港口时，用陆地上的电源来供电，以电代油，既能满足船舶靠岸期间用电需求，又能实现"零排放、零油耗、零噪声"。

· "穿冬衣"。

　　冬天到了，可以给树木树干外面裹上一圈又一圈的草绳，防止受冻。

· 冬腊风腌，蓄以御冬

　　小雪节气，气温急剧下降，空气变得干燥，特别适合以腌制的方式存储食物。

小雪 节气

11 月
22或23日

小雪，是反映降水与气温的节气，意味着天气越来越冷，降水量渐增。

三候

一候虹藏不见：彩虹不再出现。

二候天气上升，地气下降：天空阳气上升，地下阴气下降，天地不相通，万物失去生机。

三候闭塞而成冬：天地闭塞，进入严寒冬天。

小雪

唐·戴叔伦

花雪随风不厌看，
更多还肯失林峦。
愁人正在书窗下，
一片飞来一片寒。

"十月朝，糍粑碌碌烧。"

在南方有小雪节气吃糍粑的习俗，把糯米蒸熟捣烂制作成圆形，沾上芝麻、花生、砂糖，象征丰收和喜庆。

大雪 _{节气}

12月
6、7或8日

大雪，跟小雪节气一样，都是反映气温与降水变化趋势的节气。北方有"千里冰封，万里雪飘"的壮美景观。

在家使用电磁炉煮火锅前，要做好清洁检查，使用配套的电源线。

三候

一候鹖鴠不鸣：寒号鸟因寒冷也不再鸣叫。

二候虎始交：老虎开始有求偶行为。

三候荔挺出：一种叫荔挺的兰草在大雪覆盖时抽出新芽。

哎哟！

夜雪

唐·白居易

已讶衾枕冷，复见窗户明。
夜深知雪重，时闻折竹声。

42

·大雪是"进补"的好时节

　　大雪节气后，天气十分寒冷，可以食用一些具有温补作用的食物，如羊肉、牛肉等。白萝卜也是大雪节气时的应季食物，营养十分丰富。

打雪仗喽！

· 全电厨房

　　做菜可以不用火吗？可以！这就是全电厨房。

　　全电厨房就是一个完全用电来做饭的厨房，不需要使用煤气、天然气或者其他燃料，不仅节能、环保、易清洁，还更加安全。

冬至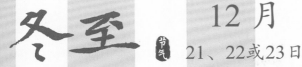

12 月
21、22或23日

冬至这天，太阳直射南回归线，是北半球各地白昼最短、黑夜最长的一天。冬至标志着寒冷时节的到来。

三候

一候蚯蚓结：土中的蚯蚓蜷缩着身子，仿佛打成一个结似的。
二候麋角解：麋感觉到阴气慢慢退去而解角。
三候水泉动：山中的泉水已经开始暗暗流动。

冬至日独游吉祥寺

宋·苏轼

井底微阳回未回，
萧萧寒雨湿枯荄。
何人更似苏夫子，
不是花时肯独来。

"冬至不端饺子碗，冻掉耳朵没人管。"一会我要多吃点。

吃饺子，图的是吉利。

·冬至吃饺子

在我国北方有冬至吃饺子的习俗。相传在东汉末年的一个冬季，天寒地冻，寒风凛冽，医学家张仲景看到贫苦百姓挨饿受冻，有的人耳朵都冻伤溃烂了，便将羊肉和一些驱寒药材放在锅里熬煮，然后捞出切成碎屑，用面皮包成耳朵形状的"娇耳"，分给大家食用，以便医治冻疮。大家吃了"娇耳"，浑身暖和，两耳生热。"娇耳"便是现在的饺子。

小寒

小寒，是指天气寒冷但还没冷到极点。此时正值梅花次第盛开，是赏梅的好时节。小寒与腊八节相邻，喝上一碗腊八粥是天南地北的人们颇具仪式感的默契。

三候

一候雁北乡：
大雁开始向北迁移。
二候鹊始巢：
喜鹊开始筑巢。
三候雉始雊：
野鸡感受到阳气而鸣叫。

·腊八粥

腊八粥，又称七宝五味粥，所用食材包括大米、小米、玉米、薏米、红枣、莲子、花生、桂圆和各种豆类。腊八这一天喝"腊八粥"的习俗，可以追溯到宋代，寓意着丰收、团圆和家庭和睦。

咏廿四气诗·小寒十二月节

唐·元稹

小寒连大吕，
欢鹊垒新巢。
拾食寻河曲，
衔柴绕树梢。
霜鹰近北首，
雏雉隐丛茅。
莫怪严凝切，
春冬正欲交。

大寒

节气 1月 20或21日

大寒，是二十四节气中的最后一个节气，意味着四时的终结，也预兆着新春的开始。

三候

一候鸡乳：到了大寒节气，母鸡开始孵育小鸡。

二候征鸟厉疾：鹰隼之类的飞鸟，盘旋于空中猎食，以补充能量抵御严寒。

三候水泽腹坚：水域中的冰一直冻到水中央，厚而坚实。

大寒吟

宋·邵雍

旧雪未及消，新雪又拥户。
阶前冻银床，檐头冰钟乳。
清日无光辉，烈风正号怒。
人口各有舌，言语不能吐。